COUNTING 1 to 20

1			4	5
6		8	9	
11		13		15
16	17		19	

MATCH THE SHAPES

COUNT AND MATCH

A A A A A A A   B B B B

1 2 3 4 5 6 7 8   1 2 3 4 5 6 7 8

C C C C   D D D D D D

1 2 3 4 5 6 7 8   1 2 3 4 5 6 7 8

E E E   F

1 2 3 4 5 6 7 8   1 2 3 4 5 6 7 8

G G G G G G G G   H H

1 2 3 4 5 6 7 8   1 2 3 4 5 6 7 8

TRACE THE SHAPES

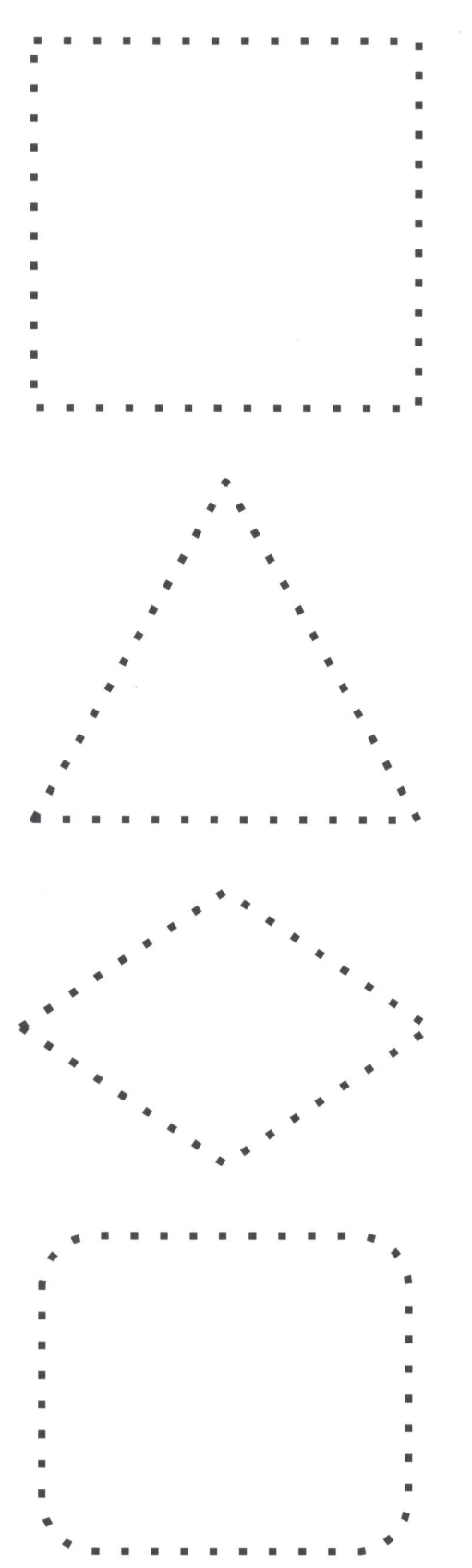
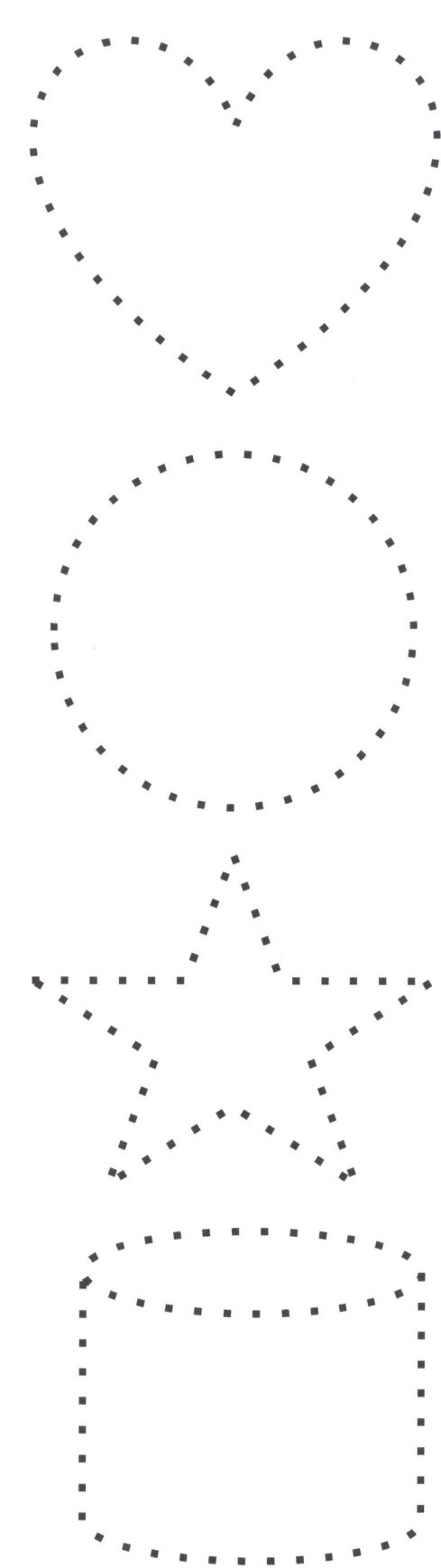

NAME THE SHAPES

MATCH THE COLORS

COUNT AND WRITE THE NUMBERS

ADD THE SHAPES

★ ★ ★ + ★ ☐

▪ ▪ + ▪ ☐

▲ + ▲ ☐

♥ ♥ ♥ + ♥ ♥ ☐

☁ ☁ + ☁ ☁ ☐

☺ ☺ ☺ + ☺ ☺ ☐

COLOR THE SHAPES

COLOR THE PATTERN

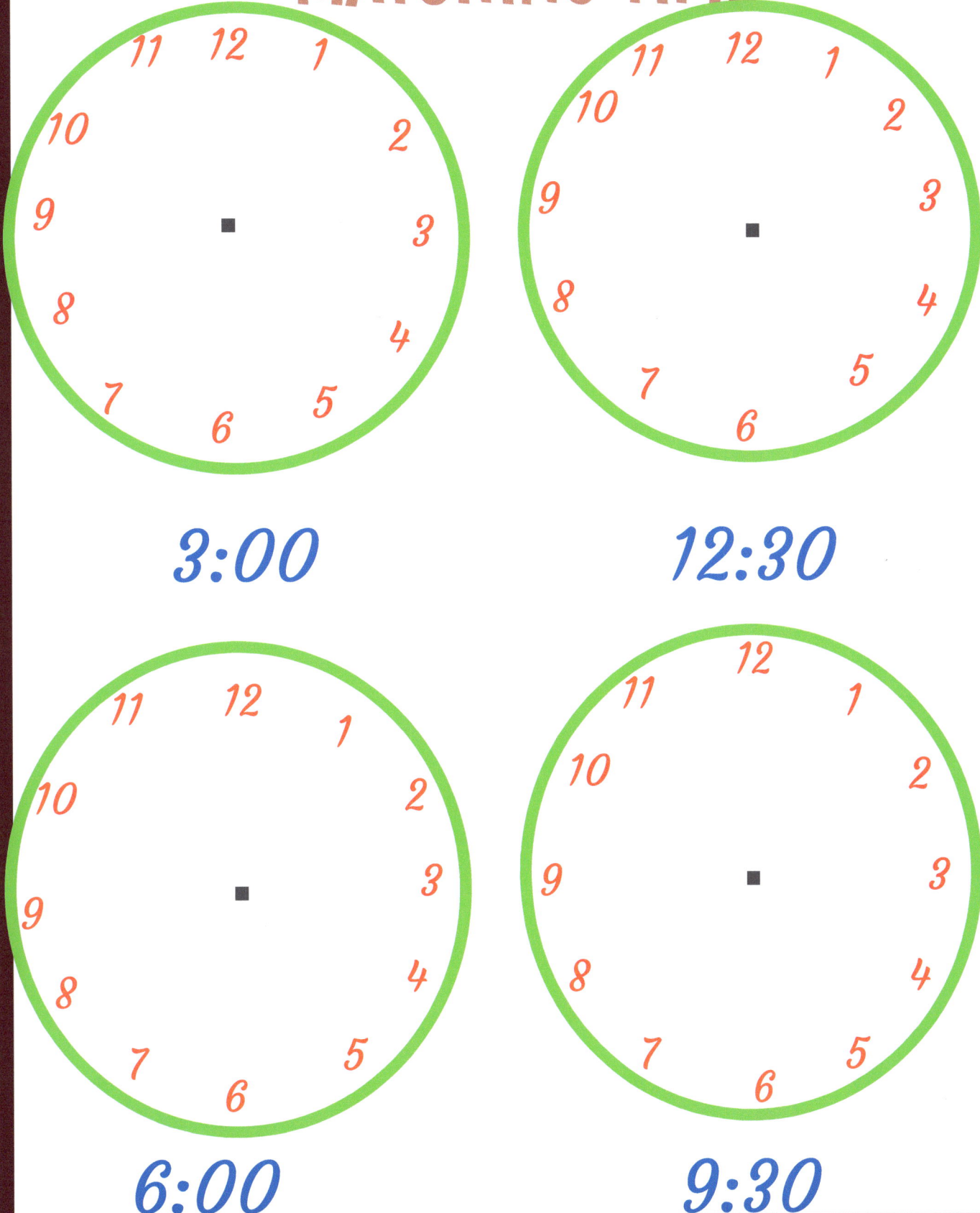

COUNT AND MAKE THE DOTS

1

ONE

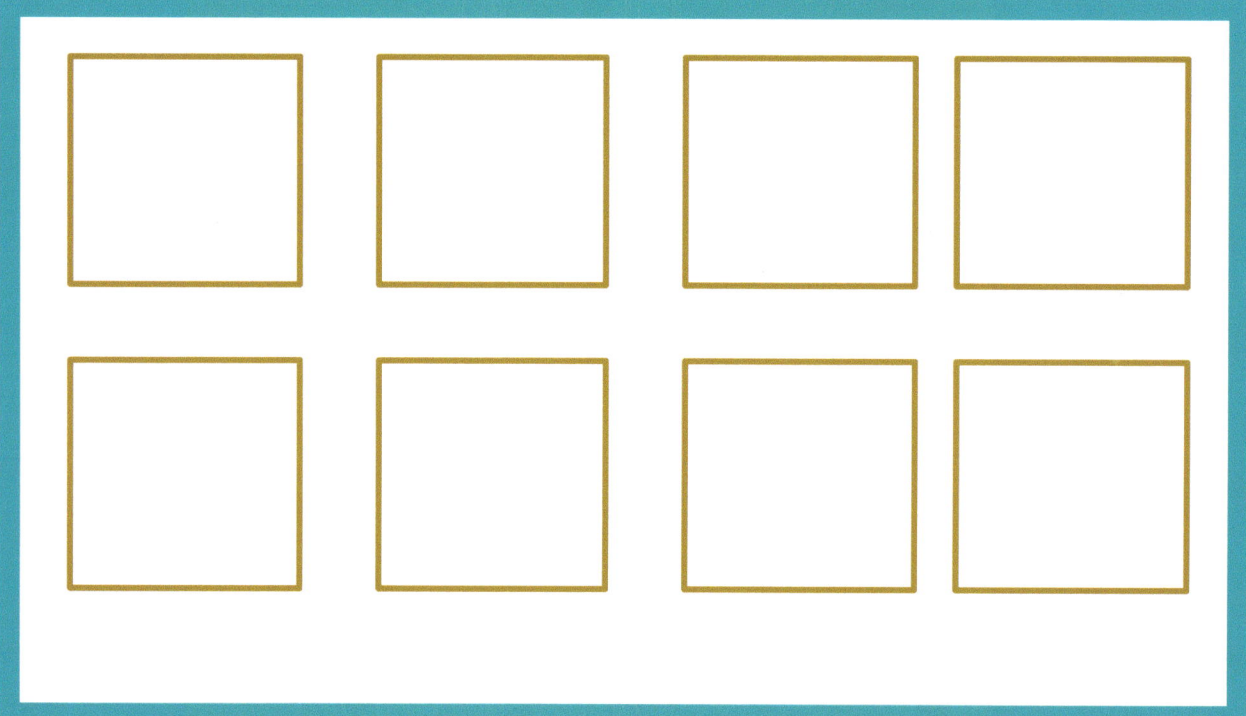

COUNT AND MAKE THE DOTS

2

TWO

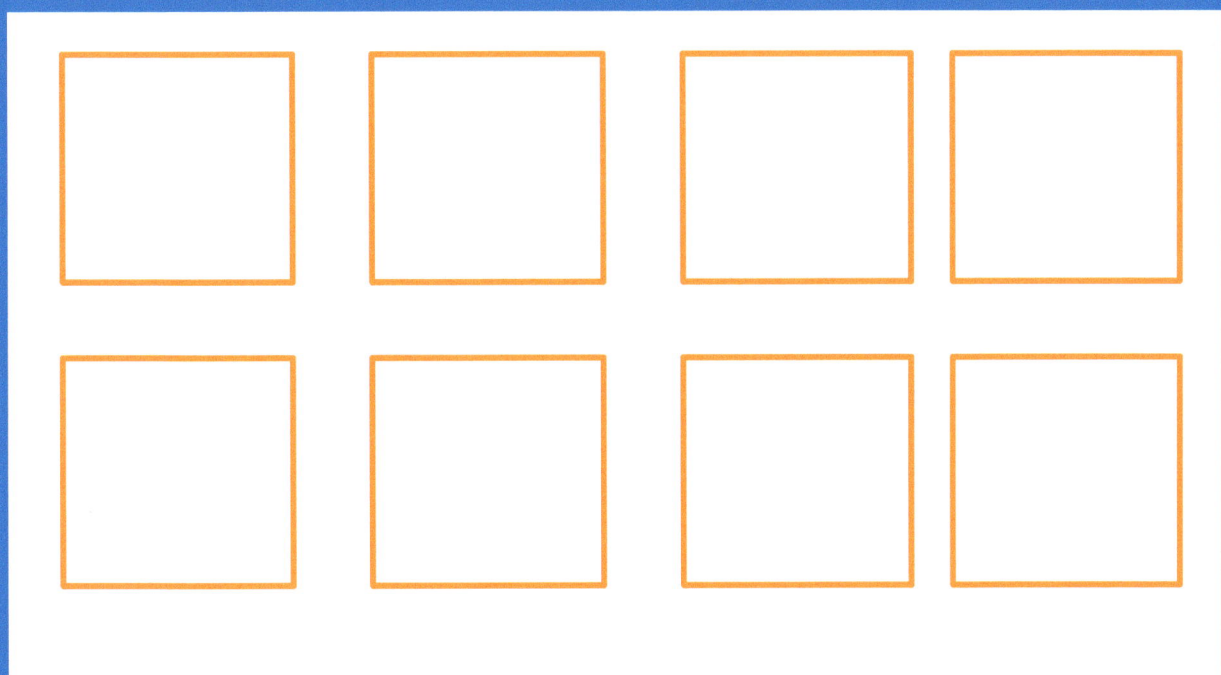

COUNT AND MAKE THE DOTS

3

THREE

COUNT AND MAKE THE DOTS

4

FOUR

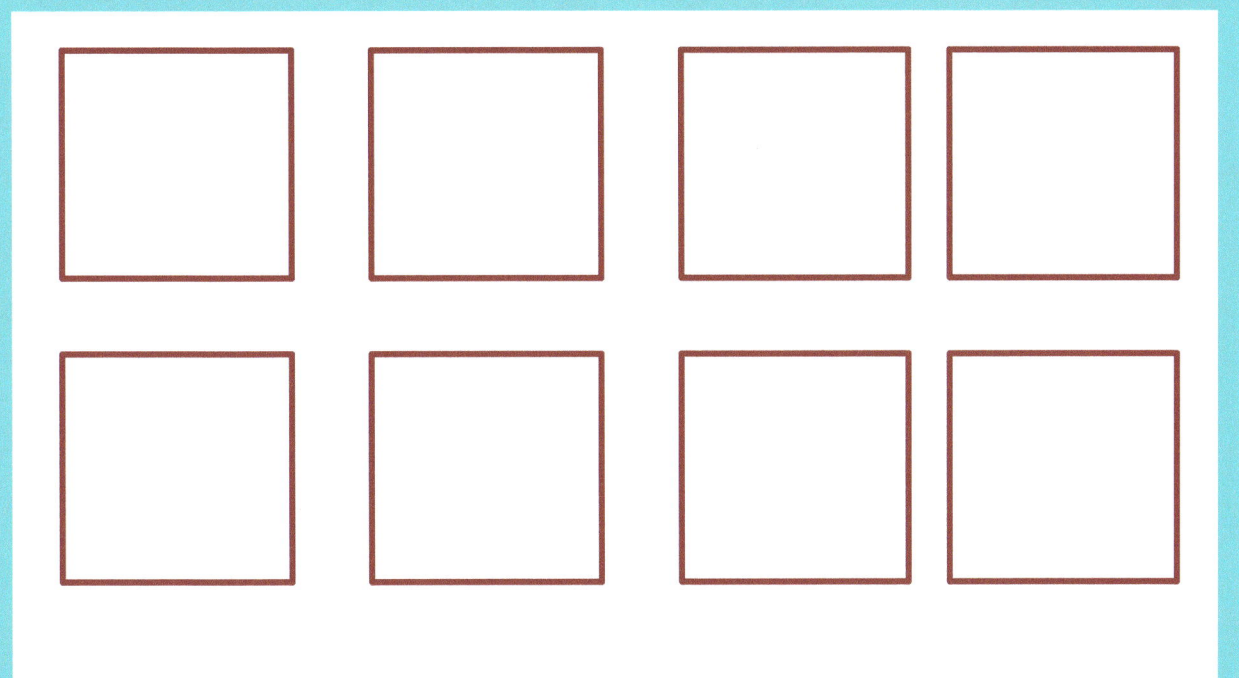

COUNT AND MAKE THE DOTS

5

FIVE

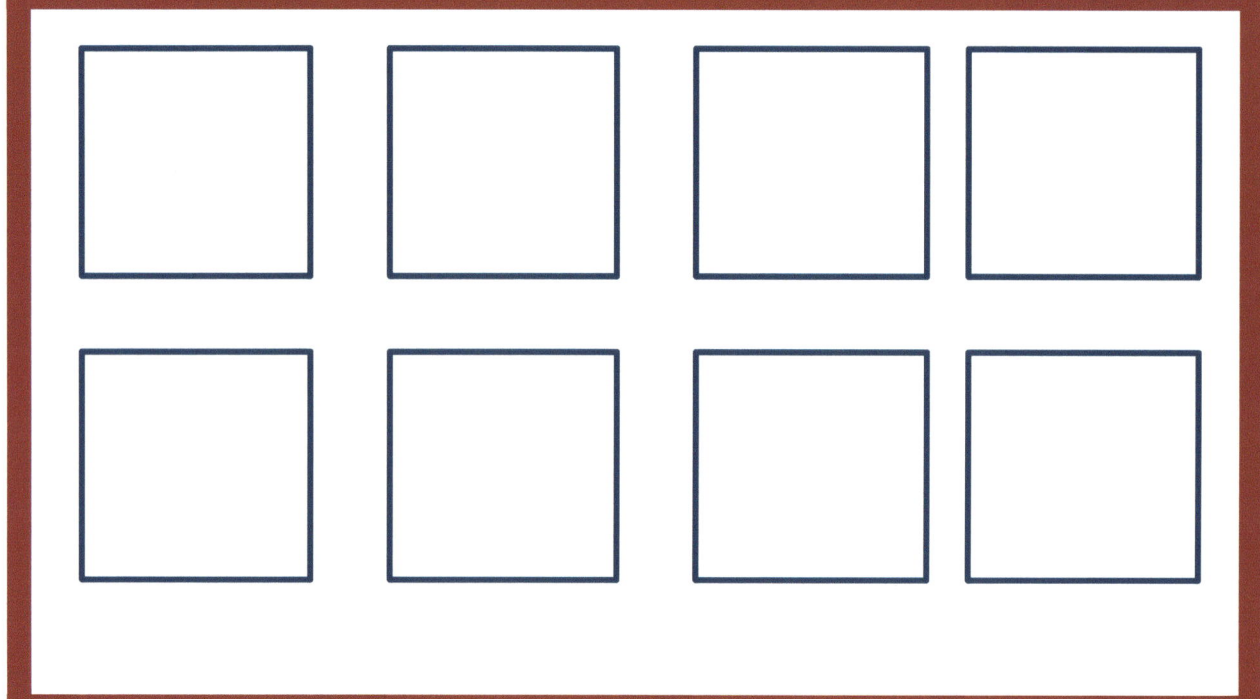

COUNT AND MAKE THE DOTS

6

SIX

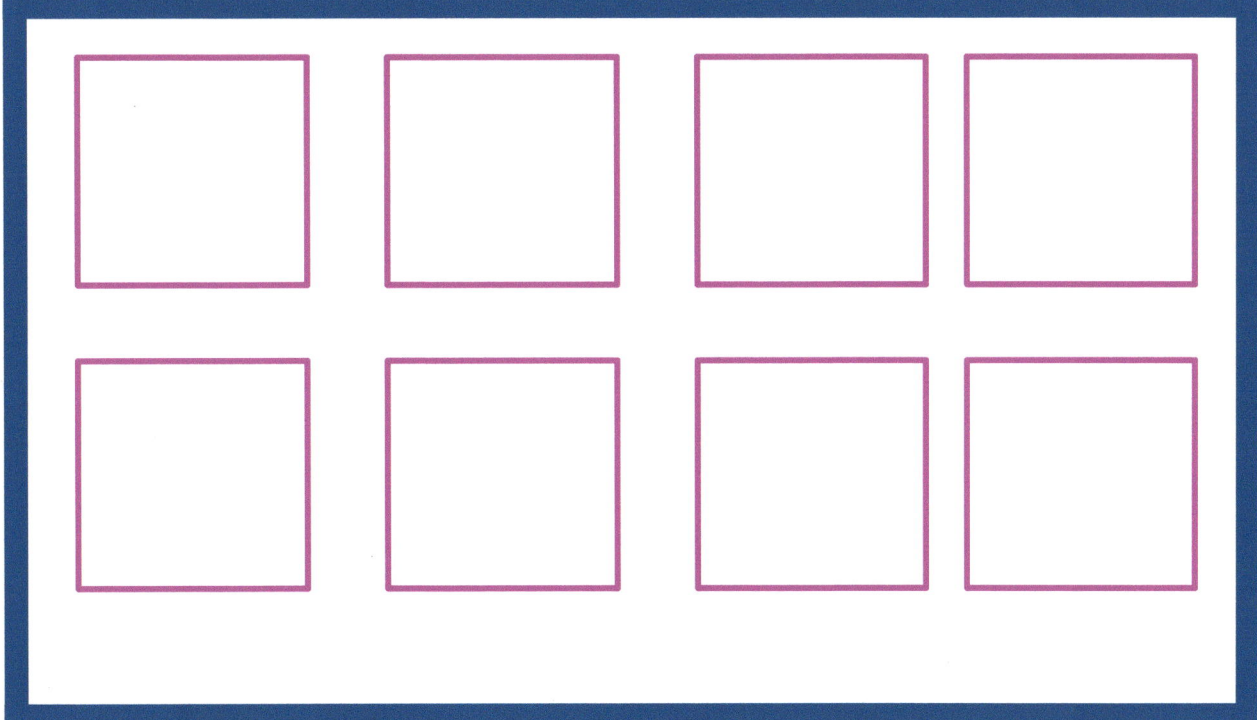

COUNT AND MAKE THE DOTS

7
SEVEN

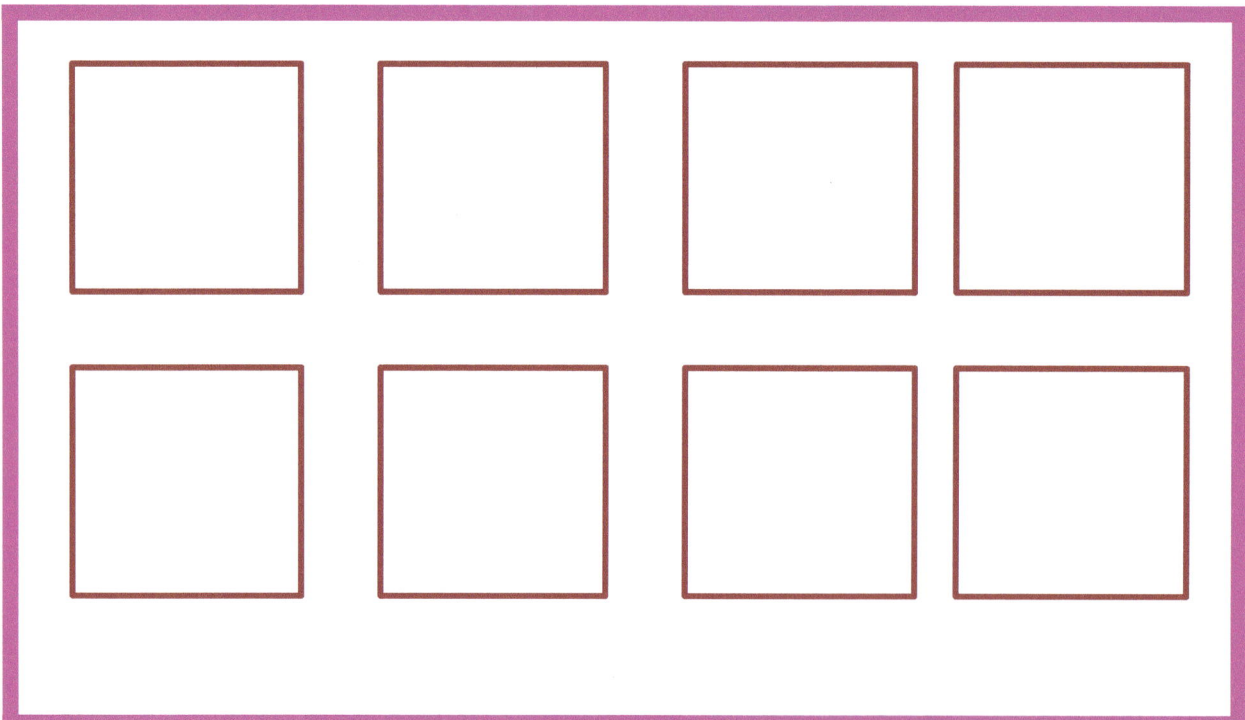

COUNT AND MAKE THE DOTS

8

EIGHT

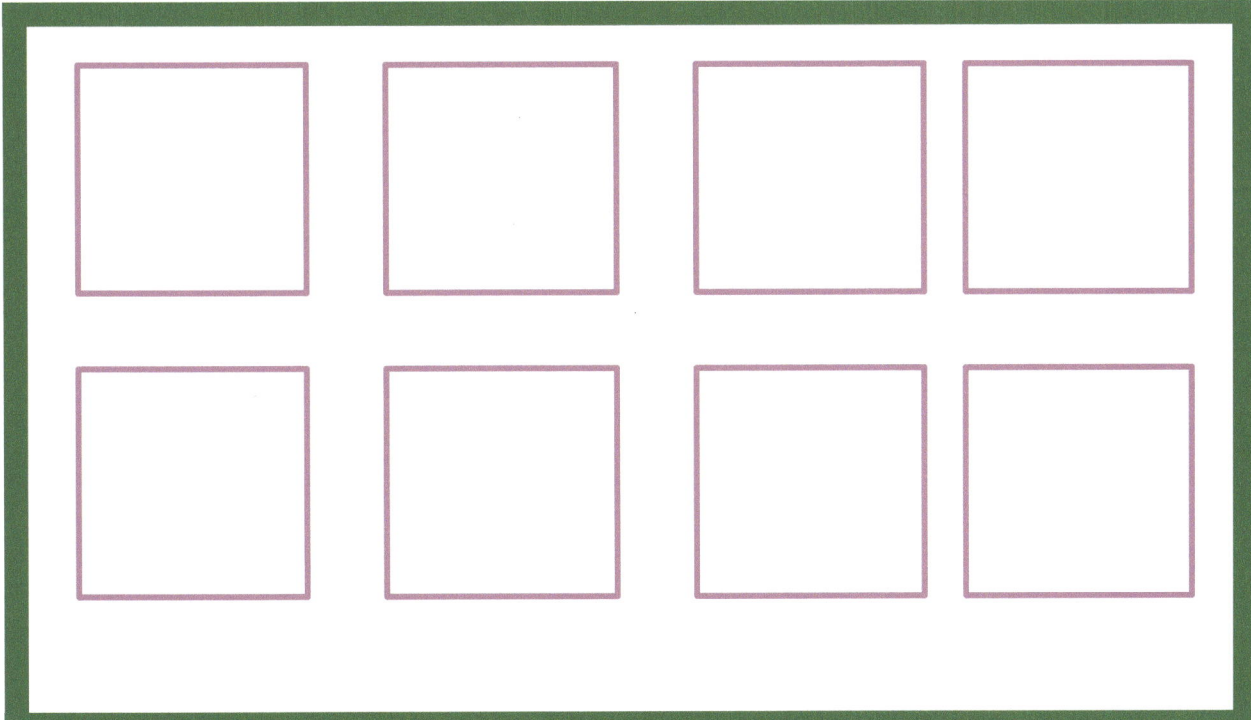

ADDITION

2+2 = ☐

4+3 = ☐

5+2 = ☐

10+1 = ☐

3+3 = ☐

5+5 = ☐

SUBTRACTION

2-2 =

4-3 =

5-2 =

10-1 =

3-2 =

5-4 =

TRACE THE NUMBERS

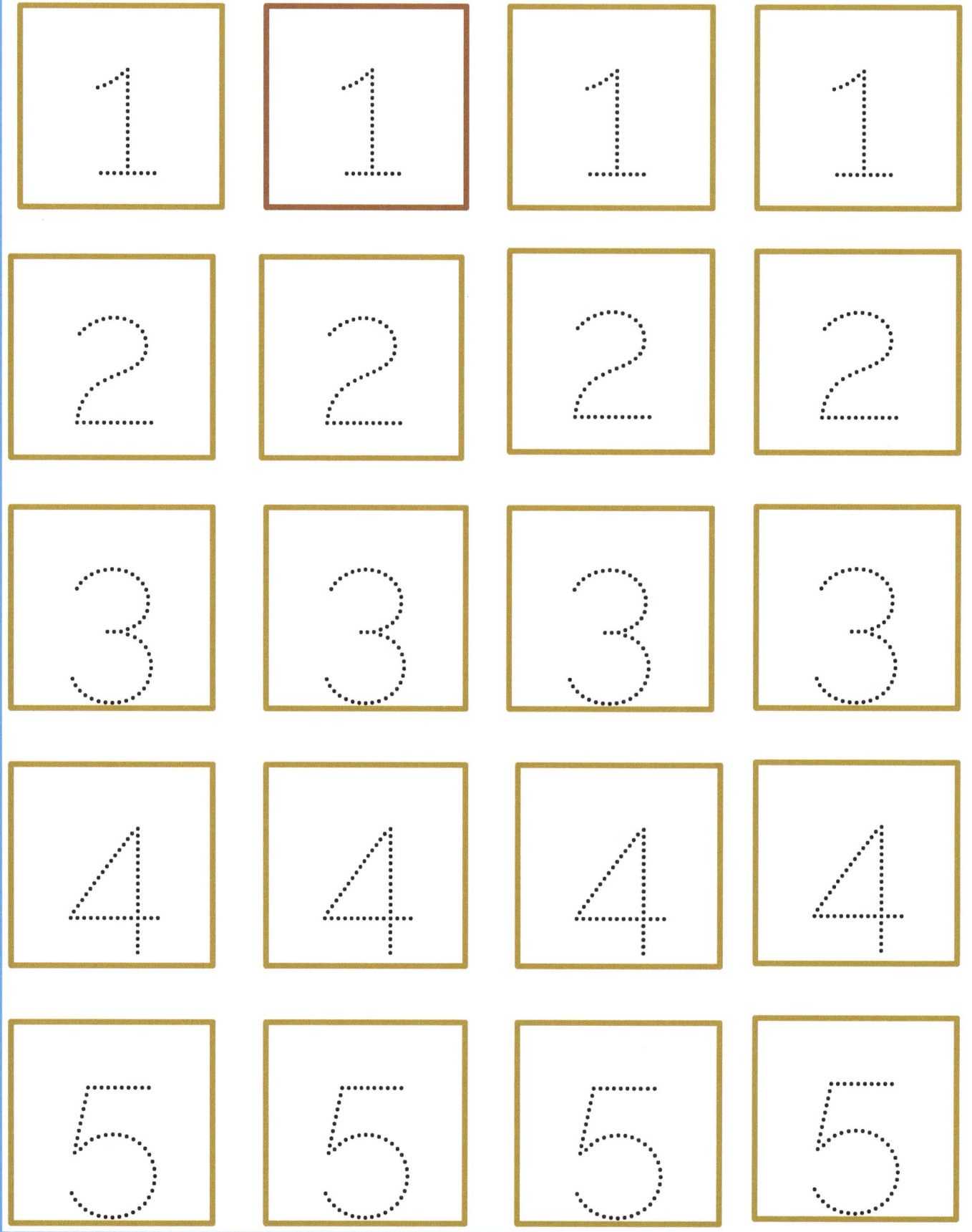

TRACE THE NUMBERS

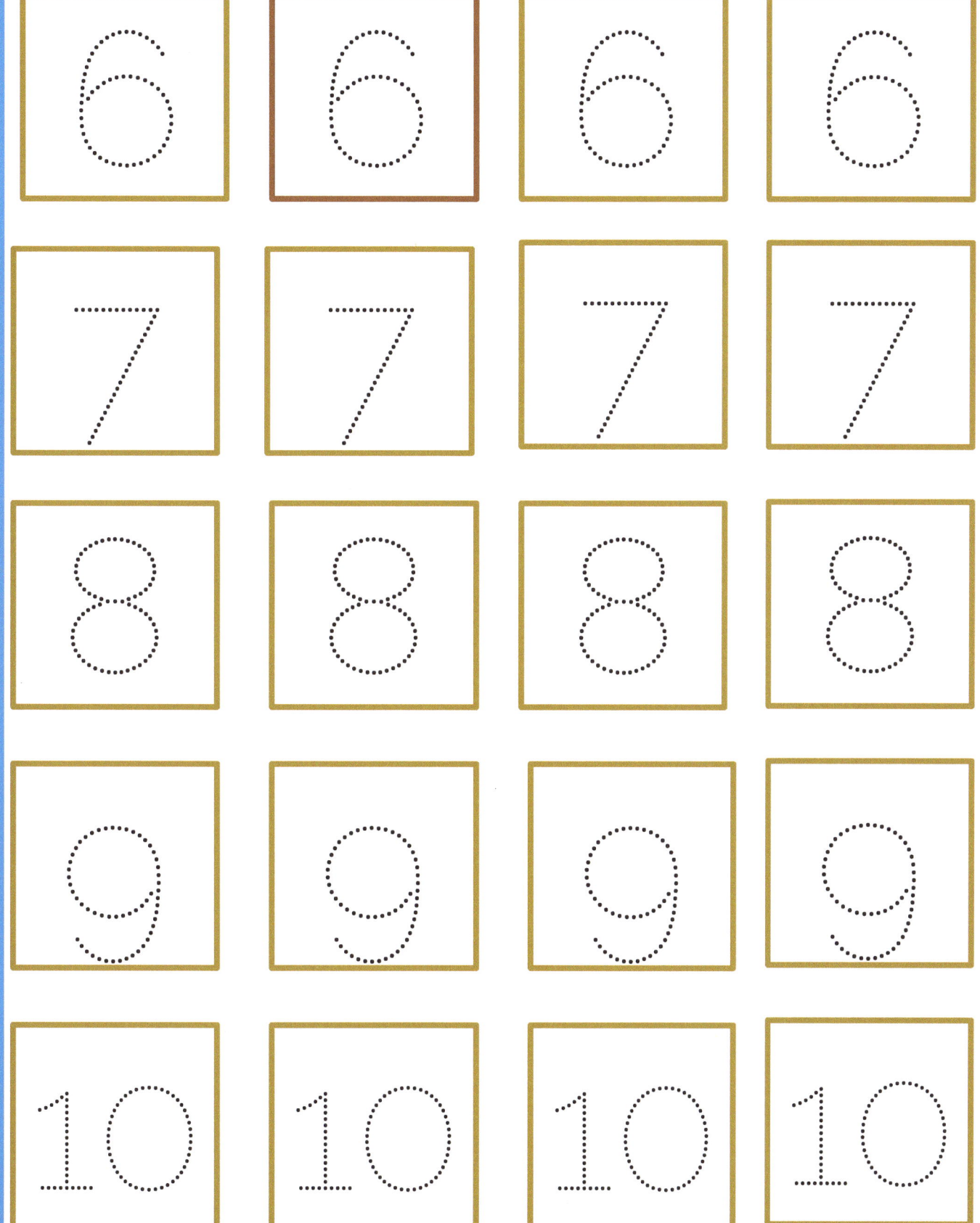

WHAT COMES NEXT

4	5	

2	3	

1	2	

8	9	

3	4	

9	10	

6	7	

5	6	

10	11	

7	8	

WHAT COMES IN THE MIDDLE

| 4 | | 6 |

| 2 | | 4 |

| 1 | | 3 |

| 7 | | 9 |

| 3 | | 5 |

| 5 | | 7 |

| 6 | | 8 |

| 9 | | 11 |

| 10 | | 12 |

WRITE THE NUMBERS IN ORDER

1	7	9	12
11	3	10	2
4	6	5	8

FIND THE WORDS

```
L M N O N E S W R G M V B
F S I X T R E N N I N E O F
T E N E V E R Z E R O R T E
F O T E F O U R N N I N O P
T E X Z Y T H R E E M O P Q
E L E V E N A C R T M R O P
E I G H T F R I N G R T W O Q
U B H I O F I V E M E T U I O
T H S E V E N K L Z E R M M
```

One Three Four Six
Ten Five Eight Nine
Zero Two Seven Eleven

TRACE THE NUMBERS

TRACE THE NUMBERS

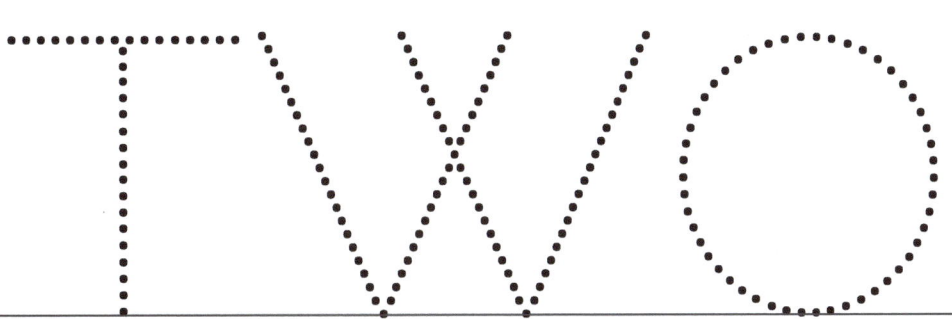

TRACE THE NUMBERS

TRACE THE NUMBERS

TRACE THE NUMBERS

TRACE THE NUMBERS

TRACE THE NUMBERS

TRACE THE NUMBERS

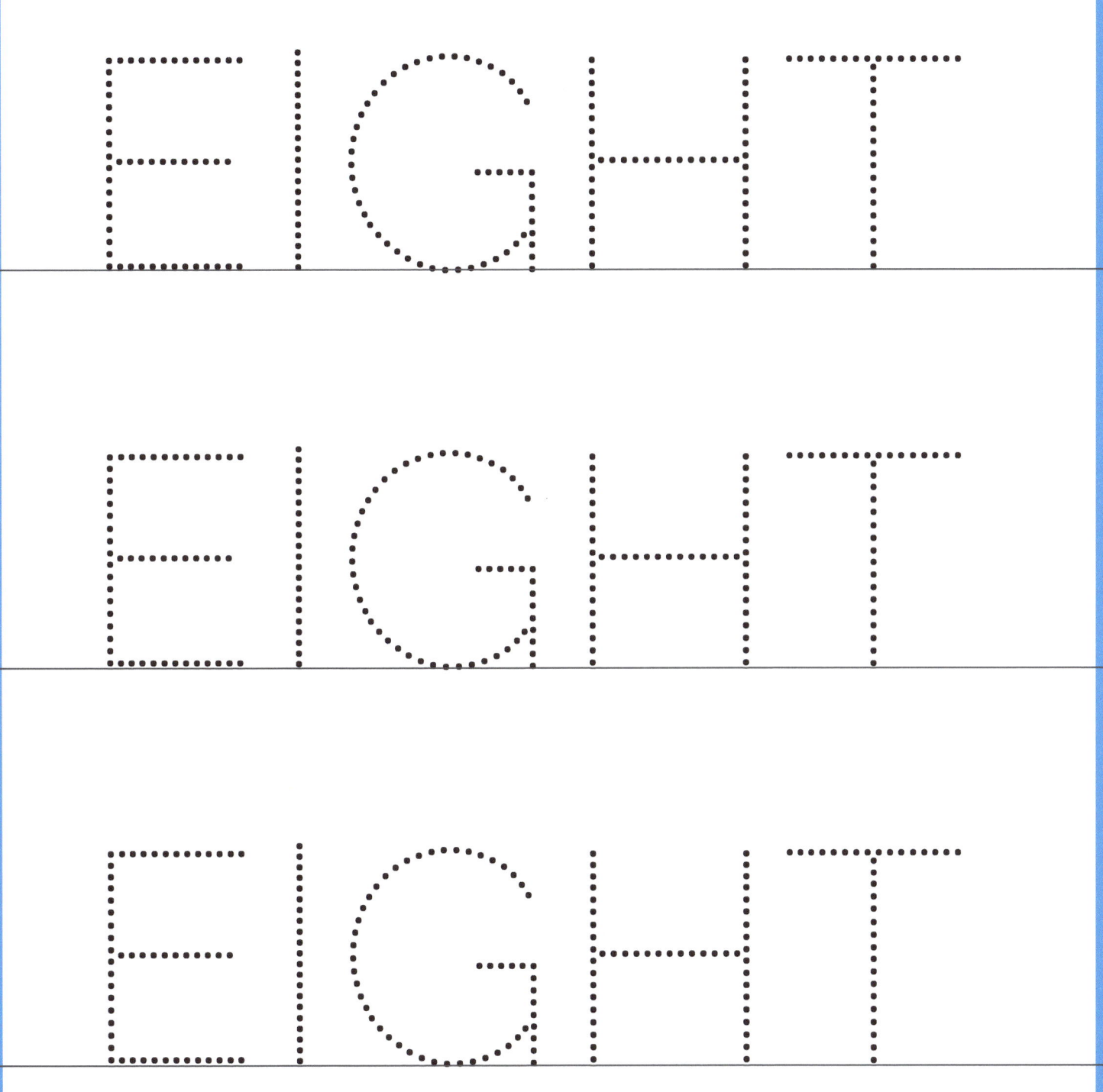

TRACE THE NUMBERS

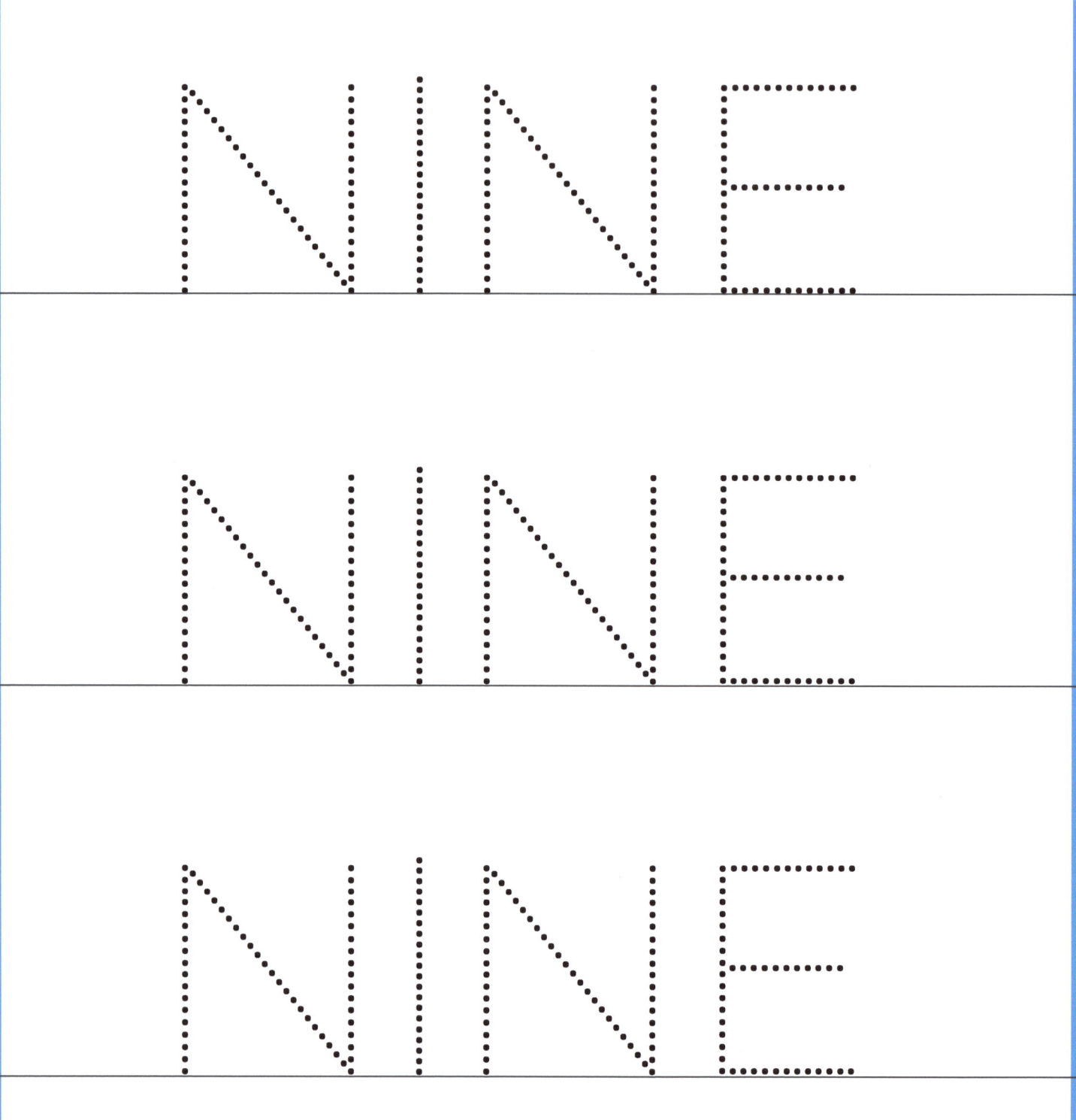

TRACE THE NUMBERS

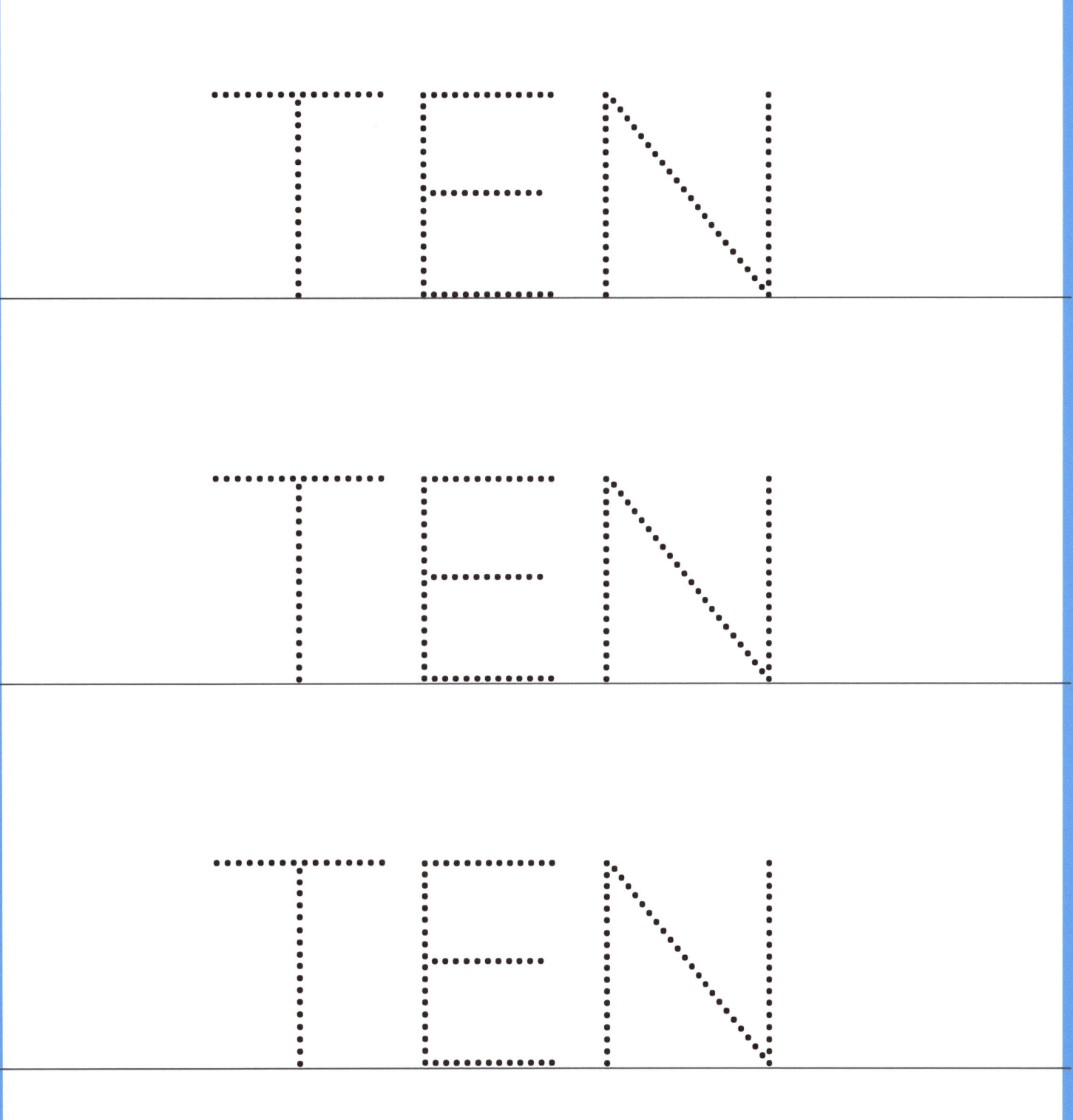

COUNT AND COLOUR

THE END
"Hope You Enjoyed This Activity Book"